GaBee.
Latte
Art

大境文化

前 言

從小對飲料調製總是特別的感興趣，退伍之後原本要進入調酒行業，但在因緣際會之下投身咖啡的領域，自此便對咖啡的魔力深深著迷。從咖啡豆的挑選、義式咖啡機、磨豆機的原理與操作、義式濃縮咖啡（Espresso）沖煮的技術與原理、牛奶挑選與發泡技巧、咖啡與牛奶泡的融合方式，到沖煮出一杯美味香醇的傳統式義大利式咖啡...。所有的時間與精神，都被基礎技術的學習、鑽研所佔據，尤其當我開始接觸到咖啡拉花時，心中感到驚艷而震撼不已！原來咖啡也可以像藝術品一般的令人感動，從此，便掉進了咖啡拉花的世界。越接觸咖啡拉花越發現有許多的問題需要去克服，但相關的知識、資訊又非常少，只能靠自己去研究跟練習。在國外咖啡拉花是表演時的專業咖啡技巧，但是如何把表演的技術與方式，轉換成咖啡館現場的固定產品，並且要將咖啡的口感跟味道做更進一步的提升，是最困難的部份。當我熟練了基本的心型跟葉子的圖形之後，想要變化不同的圖形時，尋遍了國內外許多的資料，都沒有詳細的相關資訊，心中便產生了疑問，難道咖啡拉花的極限就是如此了嗎？在長時間的自學鑽研練習後，終於漸漸的發展出突破國內外咖啡業界固有認知的 Latte Art ，並變化出蝴蝶、海螺、水母...等許多獨特創新的圖案，而其中的辛苦與付出是不足為外人道。在 GaBee. 店裡最常聽到的話就是 "你還有什麼圖案可以拉？" 以及 "可以拉個某某圖案給我嗎？"，為了能讓顧客們滿意、驚喜，到現在為止咖啡拉花的圖案及種類，還是在大家的激勵下不斷的創造、鑽研、練習而誕生。" Latte Art "對我而言，是所有義式咖啡沖煮技術的極致表現，也 希 望 這 份 用 心 能 讓 您 感 動。

2005年9月

GaBee. 林東源

目錄.....001

咖啡拉花的意義

在歐洲 " Latte " 代表的是牛奶的意思，

利用牛奶在倒入咖啡後產生藝術般的圖案就是 " Latte Art "，

由此延伸出更廣泛的意義...只要是在沖煮完的咖啡表面，

製作藝術化的圖案線條，就算是 " Latte Art "，

不一定侷限於拿鐵咖啡（Caffe Latte），

使用各種技巧與方式在咖啡表面形成藝術般圖案的咖啡飲品，

都可以稱之為 " Latte Art "，

所以 " Latte Art " 這個名詞所代表的意義就是咖啡拉花的藝術。

什麼是咖啡拉花？

A

咖啡拉花的起源

關於咖啡拉花的起源，其實一直都沒有十分明確的文獻記載，

只知道當時在歐美國家，咖啡拉花都是在咖啡表演時，

所展現的高難度專業技術，而如此的創新技巧，

大大震撼了當時的咖啡業界，從一開始就得到了大眾的注目，

所有的人都深深被咖啡拉花神奇而炫麗的技巧所吸引。

當時咖啡拉花，注重的大部分都是圖案的呈現，

但在經過了長久的發展和演進之後，咖啡拉花不只在視覺上講究，

在牛奶泡的綿密口感與融合的方式與技巧也一直不斷的改進，

進而在整體的味道的呈現，達到所謂的色、香、味俱全的境界。

在歐美國家和日本有許多的專業咖啡書籍，

都在介紹〞Latte Art〞的基本技術，

更有許多的咖啡相關書籍，是以咖啡拉花作為封面的專業象徵，

而且咖啡拉花已經是現今各種比賽的必備專業技術。

每年在美國〞COFFEE FEST〞都會舉辦〞The Millrock Latte Art Competition〞的世界咖啡拉花比賽，

聚集了來自世界各地的咖啡拉花高手，

在比賽中展現各種創新圖案及熟練的技巧，

並且在素有咖啡界的奧林匹克大賽之稱的〞Word Barista Competition〞(WBC)世界咖啡大師比賽中，

咖啡拉花更是選手們必備的專業咖啡技術，各個國家的每位代表選手們，

都會在比賽過程中的卡布其諾項目中，展現自己的高度拉花技巧，

由此可見，咖啡拉花在義式咖啡界的重要性及專業性。

台灣的咖啡拉花雖然還只在起步的階段，但有一些咖啡師（Barista）所具備的專業咖啡拉花技術，

都已有超越世界的水準，

咖啡拉花在未來也將會一直持續處於專業咖啡技術中最重要的一環。

咖啡拉花的分類
直接倒入成形法

市面上有各式各樣的咖啡拉花方式，令人眼花撩亂，
要如何區分這些咖啡拉花的方式呢？

直接倒入成形法所指的就是，

使用發泡後的牛奶，在其還未產生牛奶與奶泡分離狀態之下，

迅速將其直接倒入義式濃縮咖啡之中，

而在牛奶、奶泡與義式濃縮咖啡融合至一定的飽和狀態後，

運用手部的晃動技巧使牛奶泡利用水紋波動的原理，

浮置於義式濃縮咖啡的表面上，

並利用各種不同的晃動控制技巧，而形成各式各樣的圖形，

其形成的圖形又分為兩大類，第一類為各種心型與葉子形狀線條的組合圖形，

第二類為具像的動、植物線條圖形。

直接倒入成形法是咖啡拉花技巧中最困難的方式，

同時也是技術性最高的方式，

然而，大部分的人最有興趣、最想學習的，也就是直接倒入成形法，

但幾乎都會因其困難性而放棄或是練習到基本的圖形就停止學習了。

為什麼直接倒入成形法會如此困難呢？

因為這種方式必須注意各種細節，

從義式濃縮咖啡的狀態、牛奶發泡的方式與組織細緻程度，

到兩者融合方式的技巧，再加上直接倒入成形法，

拉花圖案成形的時間是十分短暫的，

所以，還需要非常流暢而且有節奏的動作，和迅速精確的手部晃動控制技術，

而大部分的人就會因為沒辦法達到這些要求而退卻，

因此長時間並正確的練習就變的很重要了，

想要成為真正的咖啡拉花高手，

就要不斷的認真練習喔！

手繪圖形法

所謂的手繪圖形法，就是在已經完成義式濃縮咖啡與牛奶、奶泡融合的咖啡上，

利用融合時產生的白色圓點或不規則圖形，

使用牙籤或針狀物，沾用可可粉或巧克力等醬料，

在咖啡表面勾畫出各種圖形。其圖形大部分又分為二種，

一種為規則的幾何圖形，多是使用各種顏色的醬料，

在完成融合的咖啡表面上，先畫出基本的線條，

再利用牙籤或針狀物，勾畫出各種規則的幾何圖形。

另一種為具像的圖案，例如：人像、貓、狗、貓熊...等動物圖形，

大部分都是先在義式濃縮咖啡表面撒上可可粉，

再倒入牛奶、奶泡融合，並在融合時輕微晃動手腕，

使咖啡的表面上形成圓形狀波紋圖形，

再以圓形狀波紋圖形為底，利用牙籤或針狀物，

沾用可可粉或巧克力等醬料，在其咖啡表面勾畫出各種具像圖形。

這些手繪圖形法的方式並不像直接倒入成形法如此困難，

只要掌握住一些細節重點，

便可以在家中作出許多十分漂亮的手繪圖形了，

你也可以發揮自己的創意，

勾畫出許多屬於你自己獨特專屬圖案喔！

篩網圖形法

篩網圖形法的原理十分簡單，一般來說分為兩種表現方式，

第一種方式就是在牛奶做完發泡動作之後，

先靜置約30秒左右讓牛奶跟奶泡產生一定程度的分離效果，

然後利用湯匙先擋住部分的奶泡，讓牛奶跟義式濃縮咖啡先行融合，

再使用湯匙將奶泡覆蓋在咖啡表層形成雪白狀的表面，

之後利用刻有各種圖形或字樣的網版及篩網，放置於距離咖啡表面約1cm處，

灑上可可粉或肉桂粉在各式網版及篩網上，

使咖啡表面呈現各種圖形或字樣。

第二種方式與第一種做法相似，但不同之處在於，

牛奶做完發泡動作之後不要等待，

直接讓牛奶泡跟義式濃縮咖啡進行融合的動作，

要特別注意不要在咖啡表面產生白色的奶泡，

然後利用刻有各種圖形或字樣的網版及篩網，放置於距離咖啡表面約1cm處，

隔著各式網版及篩網灑上白糖粉，使咖啡表面呈現各種圖形或字樣。

篩網圖形法是所有咖啡拉花技巧中最簡單的方式，

你可以自己刻出各種圖形或字樣的網版，

也可以再配上簡單的手繪圖形法加以變化，

創造出更多有趣的圖案。

現今的**Latte Art**咖啡拉花

現在世界上的咖啡拉花，其實已經發展到一定的階段與水準了，

但是相對的也遇到了很大的瓶頸，

我們可以從許多咖啡相關書籍、咖啡相關網站、大小比賽中可以窺見一二。

在直接倒入成形法的方式中，大部分都是利用基本的心型及葉子形狀作變化，

很難跳脫出這些基本形狀的範圍，會造成這種現象，都是因為疏於練習或是控制技巧不夠，

還有就是對於直接倒入成形法的原理不夠了解，所以大部分的人就會轉往較簡單的手繪圖形法和篩網圖形法發展。

在歐美國家發展出的手繪圖形，大部分都是以規則的幾何圖形為主，

並會使用各種顏色豐富的醬料來做變化，使得咖啡看起來色彩十分豐富，

而在日本就比較喜歡往具像的手繪圖案加以變化，發展出許多有趣可愛的動物與人物的圖案；

而在台灣大部分的義式咖啡店家，都還停留在傳統的製作方式，或是以基本圖形的直接倒入成形法為主。

其實在咖啡拉花的領域中，還有許許多多不同的變化與可能性等著大家去發掘，

只要你肯勤加練習並發揮自己的創意，就可以創造出許多令人驚歎的專業咖啡拉花。

Latte Art咖啡拉花的正確觀念

在市面上有許多人對於咖啡拉花其實有很大的誤解，

一般的人對於咖啡拉花的印象，都是奶泡水水的不夠綿密、奶泡的量很少不夠多、

喝起來的口感很不好、咖啡跟牛奶的融合度不均勻，

但是，這些都是大部分的咖啡師 (Barista) 十分錯誤的觀念，

因為這些印象都是可以克服的缺點。咖啡拉花是可以喝起來綿密而細緻，並且具有豐富的奶泡，

咖啡跟牛奶、奶泡融合度十分均勻的口感，

只是這些都需要高度專業的技術，和長時間的不斷練習。

正因為如此，坊間的義式咖啡店大部分都無法做出如此程度，因為綿密的奶泡不容易拉出細緻的圖形，

所以一般會用比較水的牛奶泡，讓圖案容易成形，增加成功率；

再加上又不懂得融合的技巧及重要性，便造成了口感和均勻度上的問題，

所以，造成大家對咖啡拉花如此的誤解，

正確而專業的咖啡拉花所呈現的，應該是一杯色香味俱全的極致咖啡。

咖啡拉花的基本

B

咖啡拉花的基本

機器設備怎麼選

工欲善其事，必先利其器，
當我們要開始製作美麗的咖啡拉花時，
需要準備哪些機器設備跟器具呢？現在就為你來介紹一下吧！

1.義大利式專業咖啡機

現在市面上販售的營業型義大利式咖啡機有很多種不同的形式，若我們以鍋爐的沖煮加熱系統方式來區分的話，大致上歸類為四種，分別為單一鍋爐系統、子母鍋爐系統、雙鍋爐系統、多鍋爐系統。四種不同的鍋爐沖煮加熱系統，會在我們沖煮義式咖啡時有所差異，而造成差異的主要原因，來自於鍋爐不同的配置方式，跟加熱器的加熱方式，現在就為您進一步解釋其中的差異。

（1）單一鍋爐系統：單一鍋爐系統的熱水、蒸氣跟沖煮頭用水都是使用同一個加熱器加熱，當使用單一鍋爐系統沖煮咖啡時，會因為使用熱水跟蒸氣直接使沖水頭出水溫度受到影響，而產生不穩定的情況，所以單一鍋爐系統的方式，大都是在家用型咖啡機或槓桿彈簧活塞式的義式咖啡機上使用，一般的營業型義式咖啡機都不再使用此種系統了。

（2）子母鍋爐系統：子母鍋爐系統的熱水、蒸氣跟沖煮頭用水，也是使用同一個加熱器加熱，但是子鍋爐的加熱是採用與母鍋爐熱交換的方式加熱，而在使用子母鍋爐系統沖煮咖啡時，並不會直接使沖水頭出水溫度受到很大的影響。因為加熱器會感應到鍋爐壓力下降而加熱回溫，除非是在大量的使用熱水的狀況之下，才會使沖水頭出水溫度降低下來，而子母鍋爐系統的沖煮方式，是現在市面上大部分義式咖啡機的鍋爐系統，所以在不大量使用熱水的情況之下，機器穩定度是在可以接受的範圍之內的。

◎子母鍋爐系統

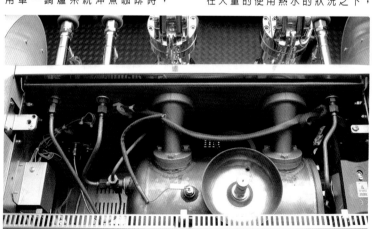

◎單一鍋爐系統

（3）雙鍋爐系統：雙鍋爐系統的熱水、蒸氣是使用同一個加熱器加熱，沖煮頭用水是使用另一個加熱器加熱，在使用雙鍋爐系統沖煮咖啡時，沖煮頭出水溫度不會因為使用蒸氣與熱水而降低，機器的穩定度較好，但是因為雙鍋爐系統的造價比較昂貴，而且高階的子母鍋爐系統特別加強在加熱器的回溫速度，所以，雙鍋爐系統的義式咖啡機品牌並不多，在市面上個性化咖啡店的佔有比率比較少。不過現在有些雙鍋爐系統的品牌已針對售價上的問題做調降的動作，所以未來的使用率應該會有所提升。

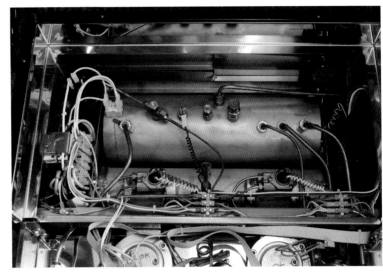

◎雙鍋爐系統

（4）多鍋爐系統：多鍋爐系統的加熱方式和雙鍋爐系統的加熱方式很像，只是每個沖煮頭都有自己的獨立加熱器，可以各自設定水溫，所以雙沖煮頭的義式咖啡機就有三個鍋爐，三沖煮頭的義式咖啡機就有四個鍋爐，而多鍋爐系統是一種新的方式，在市面上的能見度就更低了，但未來一定會有增多的趨勢。

（5）每一種鍋爐系統都各有特色與差異，在選擇義式咖啡機時要考慮的主要基本因素有哪些呢？

a.操作時的順手度是否良好

b.所有控制按鍵與旋鈕的反應是否良好

c.機器穩定度是否良好

d.加熱回溫速度是否良好

e.蒸汽出氣量是否足夠

f.蒸汽乾燥度是否良好

◎多鍋爐系統

只要能注意到以上幾點再加上自己的需求，就可以選擇出適合自己的義式咖啡機了！

器具挑選重點

2.蒸汽管、噴嘴頭

每個品牌的義大利式咖啡機,所使用的蒸汽管形式和噴嘴頭的出氣方式都會有所不同,我們從蒸汽管的形式來看,分為長管型和短管型,而其中又分為粗管與細管二種形式,長管型的蒸汽管在使用時,由於長度關係,蒸汽強度會較短管型弱一些,但長管型在操作時較不易受到限制;粗管型的蒸汽管出氣量會較細管型大、強度則會較弱,細管型則出氣量較小、強度較強。

噴嘴頭的出氣方式,跟出氣孔的排列方式與位置有很大的關係。出氣孔的形式大部份分為4孔跟5孔,不同的排列位置會造成出氣方向的不同,所以區分為:外擴張式跟集中式二種。

不同形式的蒸汽管,產生的出氣強度跟出氣量就會有所差別,再加上出氣孔位置跟孔數的不同,就會造成在打牛奶時的角度與方式的差異,在使用義式咖啡機之前要先注意一下,所使用的蒸汽管是何種形式,再配合適當的牛奶打法,如此才能打出又綿密又細緻的牛奶泡。

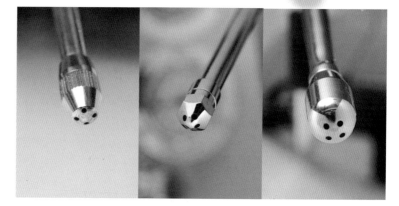

3.營業用磨豆機

一般在市面上的營業用磨豆機，都是採用圓盤切削式的方式研磨咖啡豆，而家用型的磨豆機大多是以刀片式為主，是利用砍豆的方式研磨咖啡豆，而二者研磨後咖啡粉均勻度效果差異很大，雖然圓盤切削式磨豆機的價格會比砍豆型磨豆機高，但對之後沖煮咖啡的控制有很大的影響，所以還是建議消費者以圓盤切削式的為首要選擇。

而營業用的圓盤切削式磨豆機，若以刀片的形式來區分，又分為圓盤式刀片跟錐形刀片二種，大部分都是使用圓盤式刀片為主，也就是上、下兩片刀盤，下刀盤利用馬達轉動來帶動旋轉，以達到研磨咖啡豆的作用，以旋轉上刀盤調整上、下刀片間距來控制咖啡粉的粗細大小。平面刀盤的尺寸在台灣最普遍為：直徑 **58mm**、**64mm**、**75mm**、**84mm** 四種，直徑越大的刀盤不但速度較快，磨粉也較為均勻，而且熱能的產生較少，更能確保咖啡粉的芳香物質不致散失過多。另外還要注意的，就是上刀盤旋轉調整刻度時的間距，不可以過大，以免無法做較細微之咖啡粉粗細調整。還有，有些磨豆機會加有配重的方式，來防止因為研磨咖啡豆時產生震動，而造成研磨咖啡豆不均勻的情況，所以我們可以根據以上的重點來選擇一台良好的營業用磨豆機，這對專業咖啡品質有非常關鍵性的影響。

器具的挑選

1.咖啡粉填壓器

在市面上的咖啡粉填壓器有許多不同的種類，但大致上來說主要分為平面型與圓弧面型二種，至於材質與重量的不同，則因個人的習慣手法不同而有所差異，這裡我們就不多做討論。平面型與圓弧面型的填壓器該怎麼選擇呢？在選擇前要先注意的就是義式咖啡機沖煮頭濾網，與濾器把手上的濾杯形狀。平面式的濾網與濾杯，就搭配平面型的咖啡粉填壓器，圓弧面式的濾網與濾杯，就搭配圓弧面型的咖啡粉填壓器，這樣填壓出來的咖啡粉餅，在吸水膨脹後才能均勻的和濾網與濾器密合，如此才能均勻的萃取咖啡粉餅，否則會造成咖啡粉餅吸水膨脹後密度不均勻的情況，使咖啡在萃取時會產生過度萃取或萃取不足，所以選擇適當的咖啡粉填壓器是非常重要的喔。

◎各式咖啡粉填壓器

◎比利時壺

2.拉花鋼杯

拉花鋼杯的種類也很繁多，根據鋼杯嘴型主要分為：尖嘴型跟圓嘴型二種，尖嘴型的鋼杯比較容易畫出細線條的圖形，圓嘴型則在畫對稱形的圖案時較為順手。依照鋼杯嘴溝槽的形式又分為：長溝型和短溝型，溝槽形狀越長，匯集牛奶的作用越好，在畫圖案時較好控制，而溝槽短的，在刮奶泡時較好使用。另外，握把形式也分為：連結型和分離型，連結型鋼杯的握把較好掌控，分離型鋼杯的則在冰鎮冷卻時較好使用。至於哪種鋼杯較好用呢？其實只要熟練習慣即可，所以多加練習才是成功與否的關鍵。

◎各式拉花鋼杯

3.其他器具 ∞溫度計
∞不鏽鋼湯匙
∞手拉式奶泡壺
∞不鏽鋼鍋
∞不鏽鋼杯
∞義式摩卡壺
∞電熱爐或瓦斯爐
∞牙籤、針狀物
∞篩網

決定品質的材料

1. 義式咖啡豆

市面上的義式咖啡豆種類繁多，義式咖啡豆因為表現的是豐富且多層次的味道跟口感，所以都是採用綜合豆的方式調配出來的。而且義式咖啡還分為南義風味與北義風味咖啡，北義的豆子採用中淺烘方式，由於選豆的關係使得咖啡因含量較少，入口時風味豐富、明亮帶有少許的水果酸味，香氣偏向花香或果皮香；南義的咖啡豆則是採用深烘方式，因其配豆方式使得咖啡因較高，入口時風味濃郁，帶有焦糖般的甘甜餘韻，香氣則偏向果實香或可可香。

為什麼南北義會有如此的差異？因為義大利是個長條形的國家，南北的氣候差異較大，北部的居民因為氣候較冷，飲食的口味比較淡，所以咖啡豆的烘焙方式採用中淺烘焙居多；而南部的居民因為氣候炎熱，所以飲食的口味就比較重，自然在咖啡豆的烘焙就偏向重烘焙為主。還有，因為南北義的貧富差距，所以造成義大利北部的人在選配咖啡豆時，阿拉比加豆種的比例就比較高，甚至是百分之百的阿拉比加豆種，因此咖啡因的含量就會比較少，相對來說咖啡油脂的含量就會較少；而義大利南部的人在配豆時就會加入羅布斯達的豆種，使得咖啡因的含量就會較北義風味來得多，所以咖啡油脂的含量也會較豐富。當我們知道了義式咖啡豆的這些差異，我們在選擇義式咖啡豆時，就可以依照自己的口味喜好去做選擇，除了口味之外，咖啡豆的新鮮度，也是非常重要的判斷因素喔！

北義風味豆

南義風味豆

決定品質的材料

2.牛奶

一般來說，牛奶在選擇時以全脂鮮奶較為適當，乳脂肪在**3**％以上的更適合，而各種品牌的味道、組織、成份略有不同，在選購時依個人喜好與咖啡豆搭配。如果義式咖啡豆是選擇南義風味的，那在選擇牛奶時就可挑選奶香味較濃郁的，不過如果想要特別強調咖啡的風味，那也可以選擇奶香味一般的牛奶即可。若義式咖啡豆是選擇北義風味的話，那在選擇牛奶時就可選擇奶香味中等的，如此咖啡的風味才不會被牛奶蓋過去，但若想要特別強調牛奶的香味，也可以選擇奶香濃郁的牛奶，完全依照自己的需求喜好去決定。

3.其他變化材料

其他的材料可以依照個人的創意變化去做選擇，而經常使用的材料有可可粉、肉桂粉、巧克力醬、覆盆子淋醬、焦糖淋醬、香草淋醬‥等。

杯子與拉花

杯子的形狀跟拉花方式也有很大的關連性喔！一般來說以杯子的杯身形狀分為二大類，一種是高杯、一種是矮杯。高杯的杯身較長，所以在做義式咖啡與牛奶、奶泡融合的時間較長，而力量也較大，但是奶泡的量如果不足時，當要開始畫拉花圖案時奶泡就會不夠，而畫不出美麗的拉花圖案了喔！相對的，如果奶泡的量很豐富時，呈現出來的咖啡拉花口感將會非常的棒，但技巧性也相對的提高了。短杯因為容量較少而且深度較淺，所以拉花時的動作要十分的迅速，在做進階圖案及高難度圖案時會比較困難，不過矮杯在沖煮咖啡拉花時，拉花圖案會比較容易呈現喔！

另外，杯底的形狀也是十分的重要，大致上分為圓弧底跟方形底二種，圓弧底的融合均勻度會較方形底的杯子佳。會造成這樣的原因，是因為方形的杯底表面積較大，義式濃縮咖啡的高度會降低，所以在融合時較容易產生過度翻動的狀況，造成表面的cream被打散，而且方底直角的形狀也會使融合時翻滾方式不順暢，融合也容易產生不均勻的狀況，以致喝起來的口感較不均勻。還有，就是杯口的直徑大小也會有不同的效果。杯口的直徑越大，做出來的拉花圖案就會越大越明顯，但是因為直徑越大表面積就越大，而奶泡的厚度就會受到影響而降低，不過若杯口直徑太小，拉花時的難度就會增加喔！

最後就是在選擇杯子時，要挑選保溫效果較好的杯子，這樣才能維持咖啡的溫度。市面上的杯子有許許多多不同的種類，所以一定要好好的慎重選擇。

◎各式杯子

咖啡拉花的成功關鍵

C

咖啡拉花的成功關鍵
咖啡—機器設備的調整與設定

在我們開始沖煮咖啡之前，必須先把義式咖啡機調整設定到正確的狀態，
當我們使用不同的義式咖啡豆時或是義式咖啡豆本身因為外在因素變化開始改變時，
我們應該要怎麼調整設定？

（1）義大利式專業咖啡機

A.鍋爐壓力

● 鍋爐壓力表：鍋爐壓力表的顯示單位為 **bar**，也就是大氣壓力的單位，一般調整在 **1±0.2bar**，有的鍋爐壓力表和進水壓力表，會在同一個壓力表內做顯示，分為上下配置跟左右配置兩種，最容易辨認的方式就是鍋爐壓力表的計量刻度較小，而且沖煮咖啡時指針變動不大。

◎各式鍋爐壓力表

● 鍋爐壓力調整盒：大部分的義式咖啡機的鍋爐壓力調整盒都是相同的，只有少部份的品牌會用自己生產的零件做為調整，或是使用電腦板設定，所以，現在我們就針對一般的方式來做介紹。鍋爐壓力調整盒上有二個調整螺絲，一個是固定螺絲、一個是調整螺絲，在進行調整時要先旋鬆固定螺絲，再旋轉調整螺絲做調整，大部分的調整方向都採順時針為減小壓力，逆時針方向為加大壓力，當調整至所設定的壓力數值後，再將固定螺絲旋緊。

◎鍋爐壓力調整盒

◎調整時先旋鬆固定螺絲

◎再旋轉調整螺絲

B.沖煮壓力

●沖煮壓力表：沖煮壓力表的顯示單位也是 bar，一般調整在9±2bar，沖煮壓力表在還沒有開始沖煮咖啡時，所顯示的壓力數值是進水管本身水壓，一般在1-2bar左右，在按下沖煮開關後，就會顯示所設定的壓力，還有要特別注意一件事：在做沖煮壓力設定時需要將沖煮把手填上咖啡粉，這樣的沖煮壓力設定數值才是正確的，因為上咖啡粉時的壓力會比沒上咖啡粉時大，所以要特別的注意這點。

◎沖煮壓力調整螺絲　　◎調整時先旋鬆固定螺絲　　◎再旋轉調整螺絲

●沖煮壓力調整螺絲：

沖煮壓力調整螺絲之所在位置，都是在進水幫浦的地方，大部份都需要將義式咖啡機的外殼某些部份卸下，不過有些義式咖啡機在設計時，會將沖煮壓力調整螺絲放置較易調整的位置，沖煮壓力調整螺絲在調整時，需要先將後段的螺絲先旋鬆，再旋轉前面的調整螺絲，而大部分的調整方向，也都是順時針為減小壓力，逆時針方向為加大壓力，調整至所設定的壓力數值後，再將固定螺絲旋緊，但是還是有些義式咖啡的沖煮壓力調整螺絲旋轉方向是相反的喔。

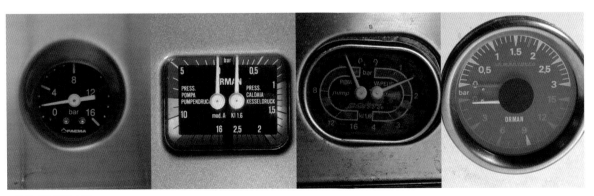

◎各式沖煮壓力表

咖啡—機器設備的調整與設定

（2）營業用磨豆機

營業用磨豆機在做咖啡粉粗細度調整時，只要旋轉刻度轉盤就可以了，而旋轉調整刻度的方向，大都為往順時針方向旋轉，咖啡粉的粗細度就越粗，往逆時針方向旋轉，咖啡粉的粗細度就越細，而營業用磨豆機的刻度轉盤分為二種：一種在刻度轉盤上有固定卡榫，調整刻度時都是一格一格的調整，而調整刻度的大小格會因為廠牌不同而有所不同，一般來說調整格越小越好，如此才能做較細微的粗細度調整；另一種是沒有固定卡榫的，調整時就直接轉刻度轉盤即可，還有要注意剛調整完刻度轉盤後，要再磨一些咖啡豆並將磨豆機粉槽內的咖啡粉退出來，這樣之後磨出來的咖啡豆才是所設定的粗細度。

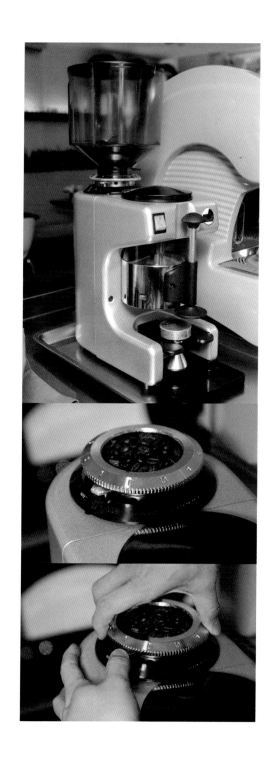

咖啡—義式濃縮咖啡Espresso的5大沖煮因素

當我們把義式咖啡機調整設定到正確的狀態之後，
接下來我們應該要怎麼沖煮義式咖啡呢？
沖煮時需要注意哪些因素呢？

在開始沖煮義式咖啡之前，首先我們必須先瞭解何謂義式濃縮咖啡的科學定義？在 Illy & Viani 二位博士所著作的 Espresso Coffee THE SCIENCE OF QUALITY書中提到，義式濃縮咖啡的科學定義為—

咖啡豆粉量 ⟷ 6.5±0.5g
沖煮水溫 ⟷ 90±5℃
沖煮水壓 ⟷ 9±2bar
沖煮時間 ⟷ 30±5sec

◎ 槓桿彈簧活塞式義式咖啡機

所以，當我們在沖煮義式濃縮咖啡的時候，就必須以科學定義為基準依據。不過因為在沖煮一杯義式濃縮咖啡時要注意的因素太多了，綜合起來約有二十多個不同影響因素，但是由於這不是本書討論的主題，所以我們現在只針對基本的影響因素來做討論，日後有機會再做詳細的解說吧！

（1）沖煮壓力

沖煮壓力越大所萃取的咖啡化學物質比例就越高，但是應該萃取到百分之多少才是正確呢？要根據所使用的咖啡豆狀況與每天的變化來決定，並沒有所謂的絕對標準沖煮壓力數值，不過我們可以利用義式濃縮咖啡的科學定義當作依據，來調整至正確的沖煮壓力設定值。

（2）鍋爐壓力

許多人都會把鍋爐壓力錶誤認為溫度錶，因為鍋爐壓力越大，溫度相對的也會越高！但是鍋爐壓力大小並不能直接換算成溫度，只能當作溫度的參考依據。因為鍋爐壓力的數值，假設在相同的大氣壓力數值之下，會因為每個鍋爐的容積大小跟水位設定高低的不同，造成所產生的沖煮頭出水溫度，也會有所不同，所以正確的沖煮頭出水溫度，必須經過測定才能知道。當鍋爐壓力越小溫度越低時，萃取出來的咖啡酸味會較明顯，整體風味會較弱；當鍋爐壓力越大溫度越高時，萃取出來的咖啡焦苦味會較重，整體風味會較重，所以，我們就可以利用這個原理來作為調整萃取咖啡風味的依據。

咖啡—義式濃縮咖啡Espresso的5大沖煮因素

（3）咖啡粉粗細度

基本上來說，「咖啡粉量、填壓咖啡粉力道、咖啡粉粗細度」這三個控制因素，是互相配合運用來填壓出不同的咖啡粉餅密度，達到調整控制咖啡的萃取程度多寡，就咖啡粉粗細度來說，大部份的咖啡粉顆粒越粗，萃取的程度就越淺，酸性的化學物質就會較多，苦味的化學物質就較少；反之，咖啡粉的顆粒越細，萃取的程度就越深入，苦味就較多，酸味就會較少。但是還是有些咖啡豆會因為本身豆種之特性的關係，而跟上述的原則有所不同，所以，一定要去實驗確認所使用咖啡豆的特性原則喔！

（4）咖啡粉量

咖啡粉的粉量越多，相對的咖啡濃度跟醇厚度就會增加，而假設在相同的咖啡粉餅體積之下，咖啡粉的粉量太多時，咖啡粉餅的密度就會太過密實，造成對咖啡粉萃取不足的情況產生；而咖啡粉的粉量太少時，咖啡粉餅的密度就會太過鬆散，產生對咖啡粉萃取過度的情況，所以恰當的咖啡粉量，才能正確的萃取咖啡粉餅中的化學物質。

（5）填壓咖啡粉力道

填壓咖啡粉的力道，會依照咖啡粉的粗細度不同跟咖啡粉量多寡來決定，假設在相同的咖啡粉粗細度與粉量之下，如果填壓力道太大，咖啡粉餅的密度就會太過密實，水通過的萃取時間就加長了，產生萃取過度深入的情況，當填壓力道太小，咖啡粉餅的密度就會太鬆散，造成萃取不足。

◎義式摩卡壺

咖啡—咖啡萃取液的狀態

在沖煮完咖啡時，必須要觀察咖啡萃取液的狀態，來檢視是否依照自己的設定方式，萃取出正確的咖啡萃取液。因為咖啡萃取液的狀態會根據咖啡豆的配豆方式、烘培程度、義式咖啡機的調整設定，還有barista的沖煮技巧不同，而有所差異，並不是一般所說的，只有褚紅色cream的咖啡萃取液才是正確的。就拿北義風味的中淺烘培咖啡豆來說，表面的cream就不是褚紅色的，所以當cream的組織均勻、醇厚度足夠，而且沒有呈現過度，或不足的萃取顏色，才是屬於理想的咖啡萃取液狀態。

◎北義風味

◎南義風味

牛奶—牛奶發泡的原理與方式

1.為什麼要使用發泡牛奶？

牛奶發泡的基本原理，就是利用蒸汽去沖打牛奶，使液態狀的牛奶打入空氣，利用乳蛋白的表面張力作用，形成許多細小泡沫，讓液態狀的牛奶體積膨脹，成為泡沫狀的牛奶泡。在發泡的過程中，乳糖因為溫度升高，溶解於牛奶，並利用發泡的作用使乳糖封在奶泡之中，而乳脂肪的功用就是讓這些細小泡沫形成安定的狀態，使這些牛奶泡在飲用時，細小泡沫會在口中破裂，讓味道跟芳香物質有較好的散發放大作用，讓牛奶產生香甜濃稠的味道跟口感。而且在與咖啡融合時，分子之間的黏結力會比較強，使咖啡與牛奶充分的結合，讓咖啡和牛奶的特性能各自凸顯出來，而又完全融合在一起，達到相輔相成的作用。

2.製作綿密細緻的牛奶泡

我們在製作良好的牛奶泡組織時，有許多不同的方式，不過都包含了二種階段：第一個階段是打發，打發就是打入蒸汽使牛奶的體積產生發泡的作用，第二個階段是打綿，打綿就是將發泡後牛奶，利用旋渦的方式捲入空氣，並使較大的奶泡破裂，分解成細小的泡沫，並讓牛奶分子之間產生黏結的作用，使奶泡組織變得更加綿密。

在市面上的牛奶發泡方式有很多種，不過大致上分為二大類：一種為邊打發邊打綿，就是打發牛奶跟打綿牛奶泡的階段結合在一起；另一種為打發、打綿的階段分開，也就是先打發牛奶再打綿牛奶泡。這二種方式形成的牛奶泡組織跟口感有所不同，第一種邊打發邊打綿的方式，製作出來的牛奶泡組織會較細緻柔軟，但是牛奶泡的綿稠度會稀一點，較不易產生有綿密彈性的牛奶泡組織，但是拉花的圖形比較容易形成；第二種方式先打發牛奶再打綿牛奶泡，這種方式所製作出的牛奶泡組織的綿稠度較高，可以產生QQ有彈性的牛奶泡，不過較容易在打發階段，產生較粗大的奶泡組織，而要製作拉花的圖案難度會較高，不過沖煮出的咖啡拉花口感會較綿密。

◎荷蘭冰滴式咖啡壺

牛奶—牛奶發泡的原理與方式

接下來我們就針對這二種方式作較詳細的圖片與解說

先打發再打綿

1、將蒸汽管放置於鋼杯的中心點，斜右上方45度靠鋼杯杯緣處，深度約1公分的地方。

2、打開蒸汽管蒸汽，鋼杯慢慢往下移動，並使牛奶呈現上下翻轉方式滾動慢慢讓體積發泡膨脹。

3、發泡膨脹至八分滿時，將蒸汽管拉斜移至於鋼杯的中心點右方靠鋼杯杯緣處，使牛奶泡呈現漩渦方式滾動。

4、控制鋼杯角度與深度將較粗奶泡捲入，打至所需溫度即停止。

邊打發邊打綿

1、將蒸汽管放置於鋼杯的中心點，斜右下方45度靠鋼杯杯緣處，深度約1公分的地方。

2、打開蒸汽管蒸汽，鋼杯慢慢往下移動，並使牛奶呈現漩渦方式轉動。

3、控制鋼杯角度與移動速度，使牛奶持續以漩渦方式轉動，並讓體積發泡膨脹至九分滿。

4、將鋼杯停止移動使蒸汽管深度加深，控制牛奶泡打至所需溫度，即停止。

牛奶—6個影響牛奶泡的因素

（1）牛奶溫度

牛奶溫度在打發牛奶時是很重要的因素，牛奶的保存溫度在每上昇攝氏2度時，將會減少一半的保存期限，而溫度越高，乳脂肪分解越多，發泡程度就越低。當在相同保存溫度下，儲存的時間越久乳脂肪分解越多，發泡的程度就越低。當牛奶在發泡時，起始的溫度越低，蛋白質變性越完整均勻，發泡程度也越高，另外要注意的是，最佳的牛奶保存溫度約在攝氏4度左右。

（2）牛奶乳脂肪

我們可從下面的表格中得知，一般來說乳脂肪的成份越高，奶泡的組織會越綿密，但奶泡的比例會較少，所以，如果全部都使用高乳脂肪的全脂牛乳時，打出來的奶泡組織並不一定是最佳的狀態，適度的加入一些發泡過的冰牛奶，打出來的奶泡組織跟奶泡量，才會是多又綿密的口感。

乳脂肪對發泡的影響		
脂肪含量	無脂牛乳＜0.5%	低脂牛乳0.5-1,5%	全脂牛乳＞3%
奶泡特性	奶泡比例最多、質感粗糙、口感輕	奶泡比例中等、質感滑順、口感較重	奶泡比例較低、質感稠密、口感厚重
氣泡大小	大	中等	最小

牛奶—6個影響牛奶泡的因素

（3）蒸汽管形式

蒸汽管的出氣方式，主要分為：外擴張式跟集中式二種。不同形式的蒸汽管，產生的出氣強度跟出氣量就會有所不同，再加上出氣孔的位置跟孔數的變化，就會造成在打牛奶時，角度跟方式的差異。而外擴張式的蒸汽管在打發牛奶時，不可以太靠近鋼杯邊緣，才不會容易產生亂流現象；而集中式的蒸汽管，在角度上的控制就要比較注意，不然很容易打不出良好的牛奶泡組織。

（4）蒸汽量大小

蒸汽量越大打發牛奶的速度就越快，但相對的比較容易有較粗的奶泡產生，蒸汽量大的方式，也較適合用在較大的鋼杯，太小的鋼杯則容易產生亂流的現象。蒸汽量較小的蒸汽管，牛奶發泡效果較差，但好處是不容易產生粗大氣泡，打發打綿的時間較久，整體的掌控會比較容易。

（5）蒸汽乾燥度

蒸汽的乾燥度越高含水量就會越少，打出來的牛奶泡就會比較綿密、含水量較少，所以蒸汽的乾燥度越乾燥越好。

（6）拉花鋼杯大小形狀

鋼杯的大小跟要沖煮的咖啡飲品種類有關，越大的杯量就需要越大的鋼杯，一般來說沖煮卡布其諾時使用600CC容量的鋼杯，沖煮拿鐵咖啡則使用1000CC容量的鋼杯，使用正確的鋼杯容量大小才能打出組織良好的牛奶泡。由於是製作咖啡拉花的方式，所以，鋼杯的形狀都以尖嘴型的為主，而不同的尖嘴形狀鋼杯，就需要靠自己多去練習了。

咖啡與牛奶泡的完美融合─融合原理、融合方式

●融合的原理

咖啡與牛奶泡的融合，在沖煮義式咖啡時是非常重要的步驟，它可以使整杯義式咖啡的味道與口感，提升至更好的境界，也可以修正在製作義式濃縮咖啡跟牛奶發泡的過程中，發生的小誤差，並且經由融合時的方式與技巧，來改變整杯咖啡的濃淡口感。融合的原理是什麼呢？首先我們運用想像力把咖啡、牛奶跟奶泡想像成一個一個的分子狀態，而最佳的融合方式，就是整杯咖啡都是以均勻的咖啡、牛奶、奶泡的分子結合體融合。要達到如此境界，就必須在融合時給予分子之間結合的力量，並且這樣的力量必須是穩定而持續的，所以在融合時要以定量的方式倒入牛奶與奶泡分子，使咖啡、牛奶與奶泡分子做均勻的分子結合體，讓我們在飲用整杯義式咖啡時，每一口都是均勻狀態的咖啡、牛奶與奶泡的分子結合體，如此才能發揮每個分子的效果，使整杯義式咖啡呈現最好的狀態。

●融合的方式─現在我們就經由分解圖的方式來說明融合的動作的步驟，讓您可以清楚的了解融合的方式

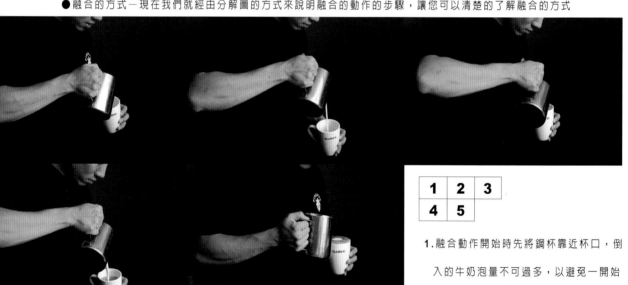

1	2	3
4	5	

1.融合動作開始時先將鋼杯靠近杯口，倒入的牛奶泡量不可過多，以避免一開始的衝擊力量過大把表面cream打散了。

2.接著將鋼杯提高，並加入較多的牛奶泡量使融合的力量增加。

3.再將鋼杯降低高度，並控制牛奶泡流量使融合力量均勻。

4.然後再將鋼杯提高做第二次的融合動作。

5.最後將鋼杯降低高度至靠杯口處，等到滿杯後迅速收掉牛奶泡。

咖啡與牛奶泡的完美融合─融合的技巧、融合的速度與節奏

●融合的技巧

在咖啡與牛奶泡融合之前,我們必須把發泡過後的牛奶泡表層中,較粗奶泡以不鏽鋼湯匙刮除,要特別注意拿湯匙的手勢,是以手指貼在湯匙的背面,以避免把辛苦打出的細緻牛奶泡舀了起來。

在咖啡與牛奶泡的融合過程中,最重要的技巧就是必須維持一定流量的牛奶泡去跟咖啡融合,並給予適當的融合力量。在我們倒入牛奶泡時,鋼杯必須持續上下移動給予融合力量,但是要維持注入一定量的牛奶,那麼鋼杯在上升時,必須增加牛奶泡量,所以手腕必須控制增加倒入的牛奶泡量,而在鋼杯下降時,必須減少牛奶泡量,手腕就必須控制減少倒入的牛奶泡量,過程中還是要不斷的持續倒入牛奶泡,而非斷斷續續,所以手肘的部份要定速的慢慢提高,而這樣的技巧必須不斷的練習才能熟練運用。我們可以利用倒入牛奶泡時的流量大小,以及融合時的衝擊力量大小,去改變咖啡喝起來時的濃度口感。融合的衝擊力量與流量越大,喝起來的咖啡濃度口感就越淡,融合的衝擊力量與流量越小,喝起來的咖啡濃度口感就越濃,如此就可以調整不同的濃度口感,以達到不同顧客的需求。

●融合的速度與節奏

在融合時還有一個非常重要的因素,就是咖啡與牛奶泡融合時的速度與節奏。融合時的速度快慢,會影響咖啡喝起來時的濃淡口感,而節奏的部份,則會影響到一杯咖啡的整體表現,跟拉花時的圖案呈現。在該快的時候快,該慢的時候慢,其中的節奏拿捏必須要有熟練技巧及經驗的累積,而不同的拉花圖形會有不同的節奏,後面的章節會有每個咖啡拉花圖形的詳細圖示解說!

◎義式摩卡壺

在家DIY咖啡拉花的方式

D

在家DIY咖啡拉花的方式
如何在家DIY咖啡拉花

很多人在看到專業義式咖啡店的美麗咖啡拉花都會躍躍欲試,想要嘗試看看,但都卻不知道要如何下手,要不然就是因為無法做出漂亮圖案而失望放棄。其實在家做出美麗的咖啡拉花並不是夢想,只要了解其中幾個重要的訣竅,很容易就可以做的到了,而且並不需要花大錢去買家庭式的義式咖啡機,只要利用義式摩卡壺跟奶泡壺就可以輕易的達成。

首先我們來了解如何在家做出基本的義式咖啡。接下來我們就以系列圖解說方式來說明沖煮的流程。

我們先利用不鏽鋼鍋與不鏽鋼杯將牛奶隔水加熱至70℃,在加熱牛奶時我們可以利用空檔的時間,使用義式摩卡壺和電熱爐將義式濃縮咖啡沖煮出來,倒入溫熱過的咖啡杯中,再將加熱過的牛奶倒入奶泡壺中約一半的量,然後抽拉奶泡壺拉桿,要先快速抽拉讓牛奶做發泡的作用,再放慢速度把發泡後的牛

奶泡組織打得更綿密,要注意在抽拉奶泡壺拉桿時,盡量不要抽拉到底,如此動作才會順暢,打出來的牛奶泡組織才會綿密又細緻,之後靜置約1分半鐘左右並敲擊一下奶泡壺,使較粗大的奶泡破裂,然後刮除上層較粗奶泡,倒入尖嘴鋼杯內並以畫圓的方式晃動,接著倒入濃縮咖啡的中心點,並用湯匙半擋住奶泡,融合至七分滿時使用湯匙接奶泡慢慢刮出覆蓋在上面直到滿杯為止。

◎在家沖煮基本傳統義式咖啡流程圖

手繪圖案法

接下來我們來介紹手繪圖形法，在這裡我就做幾個不同的圖形，
而這些圖形都是利用基本的義式咖啡來加以變化，
您也可以試著發揮自己創意製作出您專屬的咖啡拉花喔！

成份
義式濃縮咖啡......約30cc
牛奶泡..........約170cc
覆盆子淋醬、焦糖淋醬、奇異果淋醬、巧克力醬少許

幾何線條式圖案
(1)四顆心

首先我們使用四種不同的淋醬，

在咖啡表面的四個角落畫出四個小圓圈，

然後使用牙籤將四個小圈圈一一穿過，

形成四個心形圖案，

如此很簡單就可以做出四顆心的咖啡拉花了。

幾何線條式圖案
(2)葉子

我們先利用巧克力醬在咖啡表面的旁邊

畫出兩個連續的S形線條，

然後利用牙籤從S形線條的中心處劃過，拉動巧克力醬線條，

使圖案線條形成葉子的圖案，

如果您想要多一些葉片，就多畫一些S形線條吧。

成份
義式濃縮咖啡......約30cc
牛奶泡......約170cc
巧克力醬......少許

成份
義式濃縮咖啡......約30cc
牛奶泡......約170cc
巧克力醬......少許

幾何線條式圖案
(3)蜘蛛網

首先我們使用巧克力醬在咖啡的表面

畫出十字的線條,

然後再畫成米字形的圖案線條,

接著我們使用牙籤從咖啡的中心處

向外呈螺旋狀的行進方式劃過,

拉動巧克力醬線條使蜘蛛網圖案成形,

而您也可以使用不同顏色的醬料來作不同的顏色變化喔!

幾何線條式圖案
(4)彩色花

彩色花的圖案是使用三種不同顏色的醬料來呈現的，

我們先使用覆盆子淋醬在咖啡的中心處畫出一個小圓圈，

然後在小圓圈的外圍淋上奇異果淋醬，

最後在最外圍淋上焦糖醬，

接著利用牙籤從中心處向外以畫橢圓的方式

畫出五個橢圓花瓣形，

彩色花的圖案就完成了，

如果您想讓花瓣的層次更多，

只要增加圓圈的數量就可以了喔。

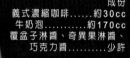

成份
義式濃縮咖啡......約30cc
牛奶泡..........約170cc
覆盆子淋醬、奇異果淋醬、
巧克力醬.........少許

成份
義式濃縮咖啡......約30cc
牛奶泡..........約170cc
巧克力粉........少許

具像式圖案

在製作圖像式的手繪圖形法時，

必須先在義式濃縮咖啡表面撒上可可粉，

然後做出基本的義式咖啡，

再沾取可可粉在表面勾繪出圖案，

現在我們就來製作小叮噹的圖案當作示範，

您也可以自己發揮想像變化出各種不同的可愛圖案喔。

小叮噹

一開始我們在已撒上可可粉所沖煮出來的基本義式咖啡表面上，

在牛奶泡形成的白色圓點上面畫出兩個連在一起的圓圈，

接著畫出臉型及鼻子，然後畫上鬍鬚與嘴巴，

最後畫出眼睛與鈴鐺就完成可愛的小叮噹圖案了。

篩網圖案法

篩網圖案法的製作方式十分簡單，

首先我們找到自己喜歡的字體或圖案，

但是記得不可以太過複雜喔！

然後用刀片在厚紙板刻出字體或圖案，

接著將厚紙板放在距離咖啡表面約一公分上方，

使用篩網將可可粉撒在鏤空的部份，圖案就完成了。

成份
義式濃縮咖啡......約30cc
牛奶泡......約170cc
巧克力粉......少許

直接倒入成形法

現在我們就來針對在家拉花方式中難度較高的直接倒入成形法來作解說，我們以系列分解圖的方式來說明。

在家中製作直接倒入成形法，與其他方式不同處在於，當我們使用手拉式奶泡壺打完牛奶泡後，靜置的時間縮短為**1**分鐘左右，以維持牛奶泡的柔軟與細緻性；倒入牛奶泡時的融合動作也不相同，當我們將牛奶泡倒入尖嘴鋼杯後，記得要充分的以畫圓方式晃動鋼杯，接著將牛奶泡倒入濃縮咖啡的中心點，做上下抽拉的融合動作，使咖啡與牛奶充分的融合至六、七分滿時，晃動鋼杯產生圓形之波紋向外推，至九分滿時拉高鋼杯，然後向前移動拉動圓形圖案線條做收尾的動作，如此就能製作出美麗的咖啡拉花了。雖然 **Home Latte Art** 的方式很難做到像專業咖啡廳所沖煮出的咖啡拉花，不過只要多加練習，一樣可以達到很好的味道口感跟美麗的圖案喔！

當我們了解所有基本知識與技術之後，

現在就讓我們開始練習基本的圖形吧！

咖啡拉花的基本圖案是所有咖啡拉花的基本技巧，

一定要讓自己可以隨心所欲的運用，

對之後的進階與高難度圖案才能成功喔！

咖啡拉花的基本圖案

E

圓形

圓形步驟

成份
義式濃縮咖啡......約30cc
牛奶泡......約330cc

圓形的圖案是所有圖形最基本的練習圖案，
目的是在訓練融合動作的拿捏與晃動牛奶泡的技巧節奏順暢度，
以及讓手部的肌肉習慣製作咖啡拉花的動作，
所以記得要練習好圓形的圖案再進入之後的各種圖案變化，如此才能將拉花咖啡技術的基礎打好。

1.牛奶泡在中心點與義式濃縮咖啡融合

2.在融合至七分滿杯後，將鋼杯向後拉至靠杯緣處，杯子放傾斜

3.鋼杯放低然後在原處開始左右晃動使圓形圖案線條產生

4.圖案線條開始呈水波紋方式向外推動成圓形圖案

5.杯子慢慢放正，當融合至滿杯後收掉牛奶泡，使圓形圖案成形

心形

心形步驟

心形是圓形圖案的基本變化,
目的是在練習手腕由晃動中的動作停止晃動,
並練習做直線的牛奶收尾動作時的節奏與穩定性。

成份
義式濃縮咖啡......約30cc
牛奶泡......約330cc

1.當融合至七分滿杯時,將牛奶泡向後拉至靠杯緣處,杯子放傾斜

2.鋼杯放低然後在原處開始左右晃動,使圓形圖案線條產生

3.圖案線條開始呈水波紋方式向外推動成圓形圖案

4.杯子慢慢放正,當融合至九分滿杯後,鋼杯停在原處使圓形圖案收出缺口

5.鋼杯向前移動使圓形圖案的線條受到拉動

6.迅速收掉牛奶泡勾畫出心型的尾巴,使心形圖案成形

葉子

葉子步驟

葉子的圖案是在練習鋼杯邊晃動邊做向後移動的動作，
還有練習晃動幅度由大變小的動作方式，
並且練習另一種方式的直線收尾動作的節奏性。

成份
義式濃縮咖啡......約30cc
牛奶泡......約330cc

1.當融合至八分滿杯後，將鋼杯放置杯子中心點前方處，杯子放正

2.鋼杯放低然後在原處開始左右晃動使弧形圖案線條產生

3.當弧形圖案線條呈水波紋方式向外推動時，鋼杯開始邊晃動邊向後移動

4.鋼杯向後移動至杯緣處後，鋼杯接著向前移動使圖案的線條受到拉動

5.迅速收掉牛奶勾出葉子中心線條使圖案成形迅速收掉牛奶泡，勾畫出葉子中心線條，使葉子圖案成形

厥葉

厥葉步驟

成份
義式濃縮咖啡......約30cc
牛奶泡..........約330cc

> 厥葉的圖案是在練習不同的晃動節奏與向後移動的速度，
> 使葉子的圖案更具變化與豐富性。

1.當融合至八分滿杯後將鋼杯放置杯子中心點處，杯子放正

2.鋼杯放低然後在原處開始左右晃動使弧形圖案線條產生，但記得晃動速度要放慢

3.弧形圖案線條開始呈水波紋方式向外推動，鋼杯也開始邊晃動邊向後移動

4.鋼杯向後移動至杯緣處後，鋼杯接著向前移動使圖案的線條受到拉動

5.慢慢收掉牛奶泡，勾畫出葉子中心線條，使厥葉圖案成形

心包葉

心包葉步驟

心包葉的圖案是在練習鋼杯的晃動方式，
由圓形圖案方式改變成葉子圖案的晃動方式，
並且練習左手將杯子由傾斜慢慢放正的技巧動作。

成份
義式濃縮咖啡......約30cc
牛奶泡......約330cc

1.當融合至七分滿杯後將鋼杯放置杯子中心點處，杯子放傾斜

2.鋼杯放低然後在原處開始左右晃動鋼杯，使圓形圖案線條產生

3.鋼杯開始慢慢邊晃動邊向後移動至杯緣處，杯子慢慢放正

4.鋼杯向前移動使形成的圖案線條受到拉動

5.迅速收掉牛奶泡，勾畫出心包葉中心線條，使心包葉圖案成形

整片葉

整片葉步驟

成份
義式濃縮咖啡......約30cc
牛奶泡......約330cc

整片葉的圖案製作方式與心包葉的方式相似，
都是由圓形圖案方式改變成葉子圖案的晃動方式，
目的在練習不同的晃動節奏方式，所以，
我們由此可知相同的晃動方式經由不同的節奏動作，就可以產生不同的圖案呈現。

1.當融合至七分滿杯後將鋼杯放置杯子中心點處，杯子放傾斜

2.鋼杯放低然後在原處開始左右晃動，使圓形圖案線條產生

3.圖案線條開始呈水波紋方式向外推動形成圓形圖案

4.鋼杯慢慢邊晃動邊向後移動至杯緣處，杯子放正的速度要比心包葉慢

5.鋼杯慢慢向前移動使形成的圖案線條受到輕微拉動

6.慢慢收掉牛奶泡，勾畫出整片葉中心線條，使整片葉圖案成形

咖啡拉花進階圖案的目的是在練習更多咖啡拉花的不同技巧，

各種拉花技巧的難度開始變高了，所以一開始先使用馬克杯來練習會比較容易達成，

一定要耐心的練習把各種技巧學會之後，

就可以進入高難度圖案了喔！

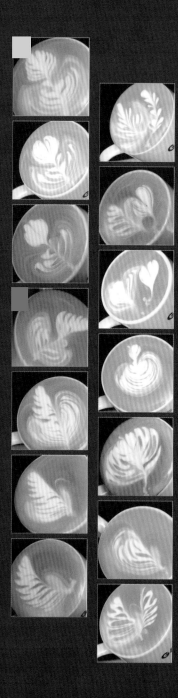

咖啡拉花的進階圖案

F

花—基本形

花－基本形步驟

成份
義式濃縮咖啡......約30cc
牛奶泡......約330cc

花的基本形圖案是在練習鋼杯晃動的動作迅速停止，直接抽拉向後移動至定點後，並再度開始晃動鋼杯的技巧。

1.當融合至七分滿杯後，將鋼杯放置於杯子前方杯緣處，杯子放正

2.鋼杯放低然後在原處開始左右晃動，使葉子圖案線條產生

3.葉子圖案線條產生後停止晃動，將鋼杯迅速抽至杯子中心點後方

4.鋼杯開始邊晃動邊慢慢向後移動至杯緣處

5.鋼杯向前移動使圖案的線條受到拉動

6.迅速收掉牛奶泡，勾畫出花的圖案中心線條，使花的圖案成形

心花

心花步驟

成份
義式濃縮咖啡......約30cc
牛奶泡......約330cc

心花的圖案是花的基本形之基本變化，
目的在練習由葉子圖案晃動方式停止後，
迅速向後移動至定點，並改變成為心形圖案的晃動方式。

1.當融合至七分滿杯後，將鋼杯
放置於杯子前方杯緣處，杯子放正

2.鋼杯放低然後在原處開始左右
晃動，使葉子圖案線條產生

3.葉子圖案線條產生後停止晃動，
將鋼杯抽至杯子後方杯緣處

4.鋼杯在原處開始左右晃動，使
圓形圖案線條產生

5.鋼杯向前移動使形成的圖案線
條受到拉動

6.迅速收掉牛奶泡，勾畫出心花
圖案的中心線條，使心花圖案成形

鬱金香

鬱金香步驟

鬱金香的圖案也是花的基本形之變化，
目的在練習由葉子圖案晃動方式停止後迅速向後移動至定點後，
改變成為緩慢倒入牛奶泡使圖案成形的方式技巧的圖案。

成份
義式濃縮咖啡......約30cc
牛奶泡......約330cc

1.在融合至七分滿杯後將鋼杯放置杯子前方杯緣處，杯子放正

2.在融合至七分滿杯後將鋼杯放置杯子前方杯緣處，杯子放正

3.葉子圖案線條產生後停止晃動，將鋼杯抽至杯子後方杯緣處，慢慢倒入奶泡

4.鋼杯邊倒入奶泡邊移動使鬱金香花苞形狀成形

5.鋼杯向前移動使圖案的線條受到拉動

6.迅速收掉牛奶勾出鬱金香中心線條使圖案成形

半葉花

半葉花步驟

成份
義式濃縮咖啡......約30cc
牛奶泡......約330cc

半葉花的圖案也是花的基本形之變化，
目的在練習由葉子圖案晃動方式停止後，
迅速向後移動至定點改變成為晃動幅度較小的葉子圖案的晃動方式。

1.當融合至七分滿杯後，將鋼杯放置杯子前方杯緣處，杯子放正

2.鋼杯放低然後在原處開始左右晃動，使葉子圖案線條產生

3.葉子圖案線條產生後停止晃動，將鋼杯抽拉至杯子後方杯緣處並要靠旁邊

4.鋼杯開始邊晃動邊向後移動使葉子圖案線條產生，記得晃動線條不要太大

5.鋼杯向前沿著葉子圖按邊緣移動使形成的圖案線條受到拉動

6.迅速收掉牛奶泡，勾畫出半葉花圖案的中心線條，使半葉花圖案成形

半心半葉

半心半葉步驟

成份
義式濃縮咖啡......約30cc
牛奶泡......約330cc

1.當融合至七分滿杯後，將鋼杯放置杯子前方杯緣處，杯子放傾斜

2.鋼杯放低然後在原處開始左右晃動，使圓形圖案線條產生

3.圖案線條產生後將鋼杯往杯子旁邊靠，鋼杯晃動幅度變小並往後方移動

4.鋼杯移動至杯緣後，鋼杯向前沿著葉子線條邊緣移動，使圖案的線條受到拉動

5.勾畫出半心半葉圖案的中心線條

6.迅速收掉牛奶泡使半心半葉的圖案成形

半邊葉

半邊葉步驟

半邊葉的圖案是在練習融合完之後，
鋼杯移到旁邊的起晃點並控制晃動幅度的大小，
還有練習牛奶收尾時沿著圖案邊緣的動作。

成份
義式濃縮咖啡......約30cc
牛奶泡......約330cc

1.當融合至七分滿杯後，將鋼杯
放置杯子前方杯緣處並往旁邊靠，
杯子放正

2.鋼杯放低然後在原處開始左右
晃動使弧形圖案線條產生，記得
鋼杯晃動幅度要小

3.弧形圖案線條產生後將鋼杯邊
晃動邊往後移動

4.移動至杯緣後，鋼杯向前沿著
弧形線條邊緣移動，使弧形圖案
的線條受到拉動

5.迅速收掉牛奶泡，勾畫出半邊
葉線條，使半邊葉圖案成形

羽毛

羽毛步驟

羽毛的圖案是半邊葉的變化圖案，
是在練習鋼杯晃動時成弧度的移動方式進行，
還有練習控制牛奶泡收尾時沿著圖案邊緣的曲線動作。

成份
義式濃縮咖啡......約30cc
牛奶泡......約330cc

1.當融合至七分滿杯後，將鋼杯放置杯子前方杯緣處並往旁邊靠，杯子放正

2.鋼杯放低然後開始左右晃動使弧形圖案線條產生，晃動幅度要小而且呈弧形向後移動

3.鋼杯移動至杯緣後將鋼杯停頓在後方一下

4.然後將鋼杯向前並成圓弧形移動方式，使弧形圖案的線條受到拉動

5.迅速收掉牛奶泡，勾畫出羽毛線條，使羽毛圖案成形

雙葉

雙葉步驟

成份
義式濃縮咖啡......約30cc
牛奶泡......約330cc

雙葉的圖案是在練習如何在短時間內迅速做完葉子的圖案之後，馬上換至另一個起晃點再做另一個葉子圖形的動作。

1.當融合至七分滿杯後，將鋼杯放置杯子前方杯緣處並往旁邊靠，杯子放正

2.鋼杯放低然後開始左右晃動使葉子圖案線條產生，晃動幅度要小而且呈弧形向後移動

3.鋼杯向前移動使葉子圖案的線條受到拉動，並使葉子圖案成形

4.鋼杯迅速換至另一邊，並開始左右晃動使葉子圖案線條產生

5.迅速收掉牛奶泡，勾畫出葉子線條，使雙葉的圖案成形

半葉&心

半葉 & 心步驟

成份
義式濃縮咖啡......約30cc
牛奶泡......約330cc

半葉跟心的圖案也是在訓練短時間內在兩個不同的起晃圖案點，
製做出半葉與心型二種圖案的動作與速度。

1.當融合至七分滿杯後將鋼杯放
置杯子前方杯緣處並往旁邊靠，
杯子放正

2.鋼杯放低然後開始左右晃動，
使弧形圖案線條產生

3.鋼杯向前沿著弧形圖案邊緣移
動，使半葉圖案成形

4.鋼杯迅速換至杯口另一邊

5.鋼杯開始左右晃動使圓形圖案
線條產生，鋼杯向前移動使心形
圖案成形

6.迅速收掉牛奶泡，使半葉跟心
圖案成形

雙心

雙心步驟

成份
義式濃縮咖啡......約30cc
牛奶泡......約330cc

雙心的圖案同樣的也是在訓練短時間內在兩個不同的圖案起晃點，
製做出兩個心形圖案的動作與速度，
不過要注意的是第一個心形的晃動幅度要小一點，
圖案不可以過大才不會被第二個心形擠到變形。

1.在融合至七分滿杯後將鋼杯放置杯子前方杯緣處並往旁邊靠，杯子放傾斜

2.鋼杯放低然後開始左右晃動，使圓形圖案線條產生

3.鋼杯向前移動使圓形圖案的線條受到拉動，並使心形圖案成形

4.鋼杯迅速換至另一邊，並開始左右晃動使圓形圖案線條產生

5.鋼杯向前移動使圓形圖案的線條受到拉動

6.迅速收掉牛奶泡，勾畫出心形線條，使雙心圖案成形

蘋果

蘋果步驟

蘋果的圖案是在練習對牛奶圖案線條控制技巧的組合變化。

成份
義式濃縮咖啡......約30cc
牛奶泡......約330cc

1.在融合至八分滿杯後將鋼杯放置杯子中心點處,杯子放傾斜

2.鋼杯在原處開始左右晃動,使圓形圖案線條產生

3.鋼杯慢慢向後移動至杯子邊緣處,鋼杯晃動幅度要小一點

4.鋼杯向前移動至圓形圖案邊緣處,使蘋果的蒂頭小葉圖案線條成形

5.迅速收掉牛奶泡,使蘋果圖案成形

牡丹

牡丹步驟

牡丹的圖案是在練習短時間內在三個不同的圖案起晃點，
製作出不同的弧形圖形線條之組合圖案。

成份
義式濃縮咖啡......約30cc
牛奶泡......約330cc

1.在融合至七分滿杯後將鋼杯放
置杯子前方杯緣處並往旁邊靠，
杯子放正

2.鋼杯放低然後開始左右晃動使
弧形圖案線條產生，晃動幅度要小

3.鋼杯迅速換至另一邊，並開始
左右晃動使弧形圖案線條產生

4.鋼杯再迅速換至中心處，並開
始左右晃動，使弧形圖案線條產生

5.鋼杯向前移動使形成的弧形組
合圖案之線條受到拉動

6.迅速收掉牛奶泡，勾畫出牡丹
圖案中心線條，使牡丹圖案成形

半邊心

半邊心步驟

成份
義式濃縮咖啡......約30cc
牛奶泡......約330cc

半邊心的圖案是在練習製作圖案時左手技巧的配合運用，
在右手晃出一半的圖形時利用左手改變杯子的方向，
使圖案呈現出完全不是對稱圖形之圖案。

1.在融合至七分滿杯後，將鋼杯向前至靠杯緣處，杯子放傾斜

2.鋼杯放低然後在原處開始左右晃動，使圓形圖案線條產生

3.圓形圖案呈現至一半時，鋼杯迅速往旁邊移動，左手將杯子迅速轉動45度

4.鋼杯開始順著半圓形圖案邊緣向前移動

5.鋼杯向前慢慢移動使半圓形圖案的線條受到拉動

6.迅速收掉牛奶泡，勾畫出半心圖案尾巴，使半邊心圖案成形

翅膀

翅膀步驟

成份
義式濃縮咖啡......約30cc
牛奶泡..........約330cc

翅膀的圖案和雙葉圖案之技巧很類似，
是練習在短時間內迅速做完兩個羽毛的圖形，
並控制晃動幅度的大小及牛奶泡收尾時的行徑方式。

1.在融合至七分滿杯後，將鋼杯放置杯子前方杯緣處並往旁邊靠，杯子放正

2.鋼杯放低然後開始左右晃動使弧形圖案線條產生，晃動幅度要小而且要呈弧形向後移動

3.鋼杯向前移動使弧形圖案的線條受到拉動，使羽毛圖案成形

4.鋼杯迅速換至另一邊，並開始左右晃動使第二個弧形圖案線條產生

5.鋼杯向前移動使弧形圖案的線條受到拉動，並使第二個羽毛圖案成形

6.迅速收掉牛奶泡，勾畫出翅膀線條，使翅膀圖案成形

當您把所有基本與進階圖案的技巧都練習熟練後，

就可以將這些技巧組合運用去變化出各種高難度的圖案了，

但是記得一定要先將所有基本及進階的技術都達到可以運用自如的境界，

如此高難度圖案的失敗率才不會變得很高喔！

而且在練習時一定要使用馬克杯來製作高難度圖案，不然是很難成功的。

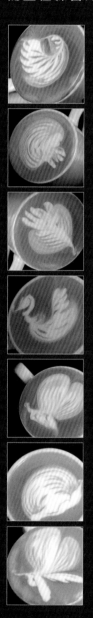

咖啡拉花的高難度圖案

G

海螺

海螺步驟

成份
義式濃縮咖啡......約30cc
牛奶泡......約330cc

海螺的圖案是在運用由圓形晃動方式改變成羽毛的晃動方式，再加上圓弧形的移動技巧與控制晃動幅度大小，並在牛奶泡收尾時，使用曲線的行徑路線去將海螺的圖案呈現出來。

1.在融合至七分滿杯後將鋼杯放置杯子前方杯緣處並往旁邊靠，杯子放傾斜

2.鋼杯放低然後開始左右晃動使圓形圖案線條產生

3.接著將鋼杯呈弧形向後移動至杯緣處，記得鋼杯晃動幅度要小

4.鋼杯向前並成圓弧形移動，使形成的圖案線條受到拉動

5.鋼杯向後成圓弧形曲線方式移動，使形成的圖案線條受到拉動

6.迅速收掉牛奶泡，勾畫出海螺結尾線條，使海螺圖案成形

水母

水母步驟

成份
義式濃縮咖啡......約30cc
牛奶泡......約330cc

水母的圖案是先運用類似半邊心圖案的技巧，
但是左手轉動杯子的時間點改變，
再加上控制鋼杯晃動線條圖案的速度大小的技巧，
將水母圖案呈現出來。

1.在融合至七分滿杯後，將鋼杯向前至靠杯緣處，杯子放傾斜

2.鋼杯放低然後在原處開始左右晃動，使圓形圖案線條產生

3.當圖案線條呈現出半圓時，鋼杯迅速停止晃動，並往旁邊移動

4.鋼杯開始順著圓形圖案邊緣往橫向慢慢移動，使半圓圖案成形

5.將鋼杯迅速轉動45度方向，並開始晃動使觸角圖案線條產生

6.迅速收掉牛奶泡，勾畫出觸角圖案線條，使水母圖案成形

烏賊

烏賊步驟

烏賊的圖案是先運用類似水母圖案的技巧，
但是再加上牛奶泡收尾時的變化技巧，將烏賊的圖案呈現出來。

成份
義式濃縮咖啡......約30cc
牛奶泡......約330cc

1.在融合至七分滿杯後，將鋼杯
向前至靠杯緣處，杯子放傾斜

2.鋼杯放低然後在原處開始左右
晃動，使圓形圖案線條產生

3.當圖案線條呈現出半圓時，鋼
杯迅速停止晃動，並往旁邊橫向
移動，使半圓圖案成形

4.將鋼杯迅速轉動45度方向，並
開始晃動使觸角圖案線條產生

5.接著將鋼杯往前慢慢移動，使
形成的水母圖形的中心線條受到
拉動

6.迅速收掉牛奶泡，勾畫出烏賊
圖案的中心線條，使烏賊圖案成形

天鵝

天鵝步驟

成份
義式濃縮咖啡......約30cc
牛奶泡......約330cc

天鵝的圖案是先運用類似海螺圖案前半段的技巧，
再加上控制牛奶泡收尾時的速度與曲線方式的行徑路線的技巧，
以及在另一個起晃點做不同的晃動技巧呈現出天鵝頭部的圖案，
使天鵝圖案呈現出來。

1.在融合至七分滿杯後，將鋼杯
向前至靠杯緣處，杯子放傾斜

2.鋼杯放低然後開始左右晃動，
使圓形圖案線條產生

3.鋼杯向後並成圓弧形移動，形
成類似海螺圖案前半部的線條

4.鋼杯向前成圓弧形慢慢移動，
使形成的圖案線條受到拉動，將
天鵝身體圖形勾畫出來

5.鋼杯放低然後開始呈曲線行徑
方式慢慢移動，使天鵝脖子圖案
線條產生

6.鋼杯停在斜上方杯緣處，鋼杯
輕微晃動產生較小的心形圖案，
收掉牛奶泡勾出天鵝頭部線條，
使天鵝圖案成形

蝴蝶

蝴蝶步驟

成份
義式濃縮咖啡……約30cc
牛奶泡……約330cc

蝴蝶的圖案是運用控制晃動圓形圖案大小技巧，製作出大小適當的心形圖案，
再運用左右手轉動杯子及鋼杯的技巧，
加上圓弧形的晃動路線與晃動幅度大小，
並做兩次曲線行徑方式的牛奶泡收尾技巧，去呈現出蝴蝶的圖案。

1.在融合至七分滿杯後，將鋼杯放置杯子斜後方約45度杯緣處，杯子傾斜

2.鋼杯放低然後開始左右晃動，使圓形圖案線條產生，記得要控制圓形圖案大小

3.鋼杯向前移動使圓形圖案的線條受到拉動，將心形圖案成形，接著鋼杯停止晃動並迅速轉動45度，左手配合所形成的圖案線條轉動杯子

4.鋼杯開始左右輕微晃動，並成曲線方式向後移動，使蝴蝶身體圖案線條產生

5.鋼杯向前順著身體線條邊緣呈曲線移動方式，使蝴蝶身體圖案形成

6.迅速收掉牛奶泡，並呈曲線方式勾畫出觸鬚線條，使蝴蝶圖案成形

蝸牛

蝸牛步驟

成份
義式濃縮咖啡......約30cc
牛奶泡......約330cc

蝸牛的圖案是先運用類似半邊心圖案的技巧，
但是再加上控制鋼杯不同的移動線條方式與節奏的技巧，
將蝸牛的圖案呈現出來。

1.在融合至七分滿杯後，將鋼杯向前至靠杯緣處，杯子放傾斜

2.鋼杯放低然後在原處開始左右晃動，使圓形圖案線條產生

3.當圖案線條呈現出半圓時，鋼杯迅速停止晃動，並往旁邊移動

4.鋼杯開始順著圓形圖案邊緣處往橫向慢慢移動，使蝸牛身體圖案成形

5.將鋼杯停在圓形圖案邊緣處，並開始緩慢移動並倒入較多的牛奶泡，使蝸牛頭部圖案線條產生

6.迅速收掉牛奶泡，勾畫出觸角圖案線條，使蝸牛圖案成形

鳳蝶

鳳蝶步驟

成份
義式濃縮咖啡......約30cc
牛奶泡......約330cc

鳳蝶的圖案是蝴蝶圖形的變化圖案,除了製作蝴蝶的圖案技術之外,
再多加上一次圓弧形的晃動路線與晃動幅度大小,
跟一次曲線行徑方式的牛奶泡的收尾技巧,去呈現出鳳蝶的圖案,
所以因難度更加提高了,是目前所有圖形中技術性最高的圖案。

1.在融合至七分滿杯後,將鋼杯放置杯子斜後方約45度杯緣處,杯子傾斜

2.鋼杯放低然後開始左右晃動,使圓形圖案線條產生,記得要控制圓形圖案大小

3.鋼杯向前移動使圓形圖案的線條受到拉動,將心形圖案成形,接著鋼杯停止晃動並迅速轉動30度,左手配合所形成的圖案線條轉動杯子

4.鋼杯開始左右輕微晃動並往後移動,使鳳蝶尾翅圖案線條產生,然後向前使尾翅圖案形成

5.鋼杯再轉動約15度, 接著開始左右輕微晃動並往後移動,使鳳蝶身體圖案線條產生

6.然後鋼杯向前順著身體線條邊緣呈曲線移動方式,使蝴蝶身體圖案線條形成

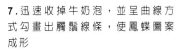

7.迅速收掉牛奶泡,並呈曲線方式勾畫出觸鬚線條,使鳳蝶圖案成形

訴求精神—專業、技術、人文

一位愛煮咖啡給朋友品嚐、

一位以喝咖啡紓解壓力、

另一位靠喝咖啡尋找靈感˙˙˙

兩個酗咖啡的朋友滿足了另一個對煮咖啡的狂熱˙˙

GABEE.就這樣子誕生了。

簡單的動機卻竭盡心力去構思、行動，2004年11月《GABEE.》終於開幕了，店名要用閩南語唸出，有英文字台語發音結合的搞怪趣味；室內設計裝潢也打破大家對咖啡店的印象，寬敞的空間、舒適的座位、冷調的設計、以及類似Lounge bar 可與客人互動非常頻繁的吧台。

不單是裝潢設計新穎大膽，GABEE.裡賣的可是既嚴謹，口味又多變化的專業義式咖啡。光是店內提供的義式咖啡就有50幾種，除了常見的espresso、cappuccino、latte…等等，每種咖啡還有南、北義咖啡豆之選；北義的豆子採用中淺烘法，咖啡因較少，入口時風味豐富、明亮帶有少許的水果酸味，香氣偏向花香或果皮香；南義的咖啡豆則是採用深烘法，咖啡因較高、入口時風味濃郁，帶有焦糖般的甘甜餘韻，香氣則偏向果實香或可可香。在這可以透過服務人員的介紹，讓消費者本身對咖啡口味有深入了解，藉此找尋適合自己口感，除此之外，店裡沖煮咖啡還採用分別代表30、60、90年代沖煮咖啡系統的義式咖啡機，相較其他店家擺上一台咖啡機就開始營業，更突顯GABEE.對義式咖啡的用心與專業。

《GABEE.》希望帶給消費者多方位選擇。來過的消費者常常被我們的Menu嚇一跳，不只是設計特別，產品品項也可以說是看到眼花撩亂，店內嚴選的茶葉則是取用於有《法國茶的藝術》之稱的Mariage Freres，Mariage Freres早在1660年代便開始做茶葉買賣，之後於1854年在法國巴黎成立Mariage Freres公司，而現今已有超過500種以上的茶品。

在多元化、多重選擇條件下，沖煮一杯好喝的咖啡除了專業的知識與常識外，還需要Barista（咖啡師）的技術與經驗；店長林東源去年底代表GABEE.從31位國內參賽者中脫穎而出奪得台灣區第一屆咖啡大師Barista比賽冠軍，也於2005年10月動身前往西雅圖參加Latte Competition國際咖啡拉花藝術大賽。

總而言之，《GABEE.》結合了一流的空間、一流的產品、再加上一流的Barista ，將帶給所有熱愛義式咖啡的消費者最頂極的享受與品質。

咖啡理想的具體實踐
--GaBee.介紹

H

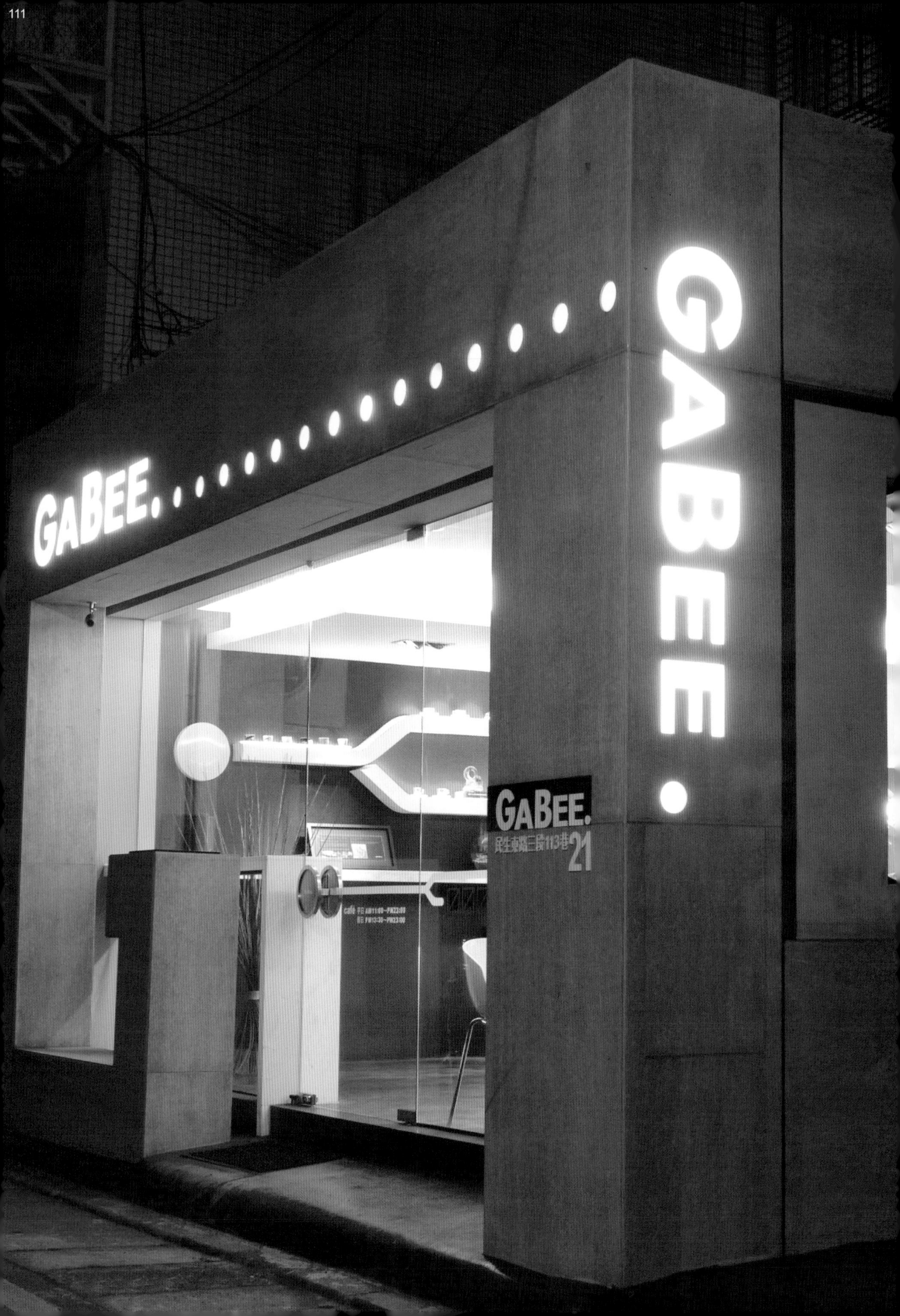
GaBEE.
GABEE.
GaBEE.
民生東路三段113巷
21

咖啡理想的具體實踐—GaBee.介紹

開咖啡店一直是許多人的夢想，
但是實現夢想的過程都是艱辛的，
就因為如此夢想之成果才會特別的甜美。

為了開設 GaBee. 花了我整整七年的時間將它實現，早從高中階段就對飲品調酒特別有興趣，到了專科時代就喜歡泡個性化咖啡店，之後大學的時期就常常往專業咖啡店鑽，一直到出社會時沒有從事自己本科系的環保工作，不務正業的一頭栽進了咖啡的世界，打從一開始就朝著開設專業咖啡廳的目標一步一步的邁進。

進入咖啡廳之後首先學習所有的外場工作，包括端盤子送餐點飲品的技巧、與客人之間的互動及應對方式、如何介紹解說店內所有產品和相關資訊、及所有的打掃清潔工作方式與重點，進而開始學習各式糕點之烘培製作技術與相關訊息的吸收，餐點和輕食的烹飪技術與食材的特性了解，並且大量吸收所有餐飲的相關知識訊息。

到了進入吧台的階段，便開始學習所有周邊飲品的調製技巧和相關原料與食材的特性了解，接下來才可以進入下一個階段，學習所有咖啡的現場沖煮技術與技巧、義式咖啡機和專業磨豆機內部系統的運作原理、調整設定的方式與技巧，以及正確清潔保養的方式，進而對所有的機器設備，了解調整設定方式與正確清潔保養，咖啡豆的烘培原理與相關資訊，還有所有餐具、器具的選擇方式，如何建立出店裡的顧客群，而這些專業知識與技術只是 **Barista** 的應該具的基本能力。

然後開始進入管理階層，對於店務管理運作的相關工作開始學習，所有原物料的進出貨管理、選擇，與各式表單的建立、填寫，各項會計帳務方面的建立與管理，學習如何管理店內人員及對新進員工做有系統的訓練工作，並且開始建立所有相關人脈資源，與所有的原物料及機器設備廠商互動，了解各個廠商的所有物料、商品與各種機器設備特性，和咖啡業界的各個店家與業餘玩家互動討論相關資訊，了解各種不同的沖煮咖啡技術與技巧之原理，對裝潢、水電方面有一定程度的了解與基本維修能力，現場的整場氣氛之營造與掌控，對於音樂與燈光的挑選、設定、調整，所有文宣與視覺設計的相關資料收集，這些都是在開設咖啡店之前必須學習具備的基本專業能力，也是我在開店之前花了大量的時間與精神去學習建立的準備工作。

在這些基本專業能力與相關資訊都學習到一定的程度之後，覺得自己一直沒有時間詳細整理出一個組織化的系統，便毅然決定離開忙碌的現場工作，讓自己把所學的相關技術與資訊好好沈澱、思考並組織起來，並且在這段時間將自己的咖啡專業沖煮技術，變成系統化的教育訓練課程，協助了許多想開設咖啡店的人、及對已營業之咖啡店家做技術的提升，在進入開設咖啡店之前的最後空檔時間，驚覺自己從事義式咖啡已多年，卻沒有踏上發源地去做最更深入的體認，便決定以自助旅行的方式，去感受義大利當地的生活、飲食與文化，讓自己對義大利式咖啡有更深刻的感受與體驗，這樣的體驗使自己對開設咖啡店的方向與定位有非常大的影響。

接著就開始進入開設 GaBee. 的階段工作，一開始遇到的問題就是是否要有合資的夥伴？由於我一直深信專業分的理念，將事情跟問題交由專業人士去做作最好的處理，自己一個人是沒有辦法俱備全面性的專業能力，所以，便聚

集了幾位不同專業領域的夥伴們，使 GaBee. 具備了最專業的團隊，當所有不同專業領域的夥伴都集合起來之後，接下來我們就開始進入密集式的討論與溝通階段，大家開始天馬行空的發揮自己專業與創意，去設想許多可能性與實行的模式，漸漸的 GaBee. 的大方向就被建構出來了，然後開始一邊對各種細節做詳細的確認討論、一邊開始尋找適合的地點店面，由於符合我們設定想法的店面並不是這麼好尋找，所以，花了許多的時間在這個階段，也讓我們討論出更確定的 GaBee. 定位與目標，當我們確定地點之後，忙碌的工作才正要開始。

GaBee. 的地點確定了之後，便開始根據現場的空間，把我們當初的設定做修正的工作，也根據現場空間的特性去增加了許多創意與想法，在這個時候每個夥伴發揮不同的專業能力，將所有裝潢結構與空間的動線，及風格特色做最後討論與定案，接下來便真正進入開始建構 GaBee. 的階段，在施工的時期，同時要去尋找符合 GaBee. 定位風格與實用性的所有機器設備、相關器具、傢俱擺飾與餐具杯盤，在施工期間的生活方式便是白天在現場做監督工程與連絡相關事項、安排所有機器設備的進場時間，及尋找適合的相關器具、餐具杯盤、傢俱擺飾與所需原物料，晚上便

討論確定更多的相關細節部份、各項餐飲產品的最後確定，及宣傳方式與文宣資料的討論，而繁瑣的帳務管理也開始進入記錄管理的階段，當裝潢施工與所有機器設備都就定位了之後，便開始整理所有相關器具與傢俱的擺飾定位，並將所有相關文宣資料與菜單、店卡印製出來。

進入最後的階段，首先將開設 GaBee. 的時間確定出來，開始進行宣傳的第一個步驟，傳遞 GaBee. 開店訊息與理念定位傳達給各種宣傳管道。將所有店內工作夥伴聚集起來傳達 GaBee. 的理念、定位及未來方向遠景，並確定所有工作內容及進行教育訓練的工作，讓所有的工作夥伴培養出彼此之間默契，使店務運作時可以更加順暢。接下來就進入新開店的忙碌蜜月期，在這個階段會有許多的問題會產生，所以，必須運用所有相關經驗與人脈資源，將事情做最適當的處理與修正，讓整個 GaBee. 的組織系統運作正常化，然後便將每個階段性的工作與目標做最後的確認，如此繁瑣勞累的工作便是開設 GaBee. 的過程與開端，接下來才要開始進入店務正常營運的第二階段。

由此可知，開設一家專業咖啡廳並不是像一般大眾所想的如此容易，是需要大量的腦力與體力付出，如果對咖啡店的熱情度不夠，是很容易因為與自己所想的差距過大或過於繁瑣勞累而半途放棄的，所以，開店之前一定要好好的思考自己是否適合。

GaBee. 要傳達的理念就是專業、技術、人文及創新，店內所有的設定都是建立在專業與技術的基礎上，運用創意、創新的方式去呈現人文的意念，所以，店內使用了代表各個年代的不同沖煮系統的專業義式咖啡機，以及許多專業的器具設備，並準備了南、北義不同風味的義式咖啡豆及口味豐富多樣的產品，讓客人可依照個人喜好口味去做選擇，並不斷創造出令人驚艷的創意咖啡，且隨處可見許多創意與創新的設計與擺設，在人文方面，GaBee.不斷的分享相關專業知識與技術，以幫助推動咖啡業界朝向更高更好的世界級水準，並建立正確咖啡文化與知識給予大眾消費者。

期望 GaBee. 如此的用心與努力付出，能讓您感受最頂極的享受與品質。

Latte Art 咖啡拉花—Espresso 與牛奶的完美邂逅

作　者　林東源

出版者　大境文化事業有限公司 T.K. Publishing Co.,

發行人　趙天德

總編輯　車東蔚

文案編輯　編輯部

美術編輯　曹嘉銘

攝影　書世豪（內頁+咖啡拉花步驟圖）

　　　Toku Chao（封面+EFG咖啡拉花主圖）

地　址　台北市雨聲街77號1樓

TEL（02）2838-7996　　FAX（02）2836-0028

法律顧問　劉陽明律師　名陽法律事務所

初版日期　2005年11月

定　價　新台幣 280 元

ISBN　　957-0410-48-5　書號：E56

Latte Art 咖啡拉花—Espresso 與牛奶的完美邂逅

林東源 作.-初版.-臺北市：

大境文化，2005＜民94＞面；公分----

ISBN　957-0410-48-5

1. 咖啡　427.42　94019050

讀者專線（02）2836-0069

www.ecook.com.tw

E-mail service@ecook.com.tw

劃撥帳號 19260956 大境文化事業有限公司

義式濃縮咖啡大全 Espresso Book

日本Espresso咖啡冠軍

收錄了本書作者---門脇 洋之，也是日本咖啡師大賽冠軍、世界咖啡師大賽第7名，被譽為日本Espresso咖啡達人多年來關於義式濃縮咖啡所有的知識與經驗。分為三個部分：1.義式濃縮咖啡(Espresso)的基本技術：研磨咖啡豆/填壓/咖啡機的設定/抽出Espresso/咖啡機的清理/打蒸氣奶泡/咖啡豆混合與烘焙知識。2.基礎咖啡&花式咖啡：濃縮咖啡及拉花52種/詳細配方及步驟圖解。3.從無到有開店實錄CAFÉ ROSSO：修習蛋糕製作/義大利朝聖/創業企劃書/銀行的融資店舖設計…等。

對於喜愛義式濃縮咖啡的同好，能有全面而深入的瞭解，開業經營咖啡館的朋友，更可從中得到目前最實用、也最專業的Espresso終極品質技巧。

出版：大境文化
作者：門脇洋之
尺寸：15 × 21cm 192 頁
定價：NT$340

經典調酒大全 My standard cocktail

日本3位頂尖調酒達人的傾囊相授

以介紹標準雞尾酒為主更加入了原創雞尾酒，由3位調酒師(Bartender)來選酒，並將重點放在如何靈活而有技巧地發揮基酒的特性，及調製時的訣竅…等實際運用的層面上，同時加註3位調酒師各自的觀點與解說。

不同的調酒師，即使是調製同一種雞尾酒，也會調製出完全迥異的風味來。如果想要調製出吸引人的雞尾酒，除了必須對酒具有豐富的相關知識及熟練的技術之外，還須具備敏銳的五感：視覺、聽覺、嗅覺、味覺、觸覺，及成功地表現各種雞尾酒的能力。無論您是要更加精進自身調製雞尾酒的技巧，或是為了更充分享受品味雞尾酒的樂趣，我們都衷心地期待本書能夠成為您最佳的幫手。

出版：大境文化
作者：田中利明/永岡正光/內田行洋
尺寸：15 × 21cm 192 頁
定價：NT$340

沿 虛 線 剪 下 ✂

Latte Art 咖啡拉花

請您填妥以下回函，免貼郵票投郵寄回，除了讓我們更了解您的需求外，更可獲得大境文化&出版菊文化一年度會員獨享購書優惠！

1. 姓名：
   姓別：□男 □女 年齡： 教育程度： 職業：
   連絡地址：□□□ 縣市
   傳真： 電子信箱：

2. 您從何處購買此書？
   □書展 □網路 □郵購 □其他 書店 量販店

3. 您從何處得知本書的出版？
   □書店 □報紙 □雜誌 □書訊 □廣播 □電視 □網路
   □親朋好友 □其他

4. 您購買本書的原因？（可複選）
   □對主題有興趣 □生活上的需要 □工作上的需要 □出版社 □作者
   □價格合理（如果不合理，您覺得合理價錢應$　　　）
   □除了食譜以外，還有許多豐富有用的資訊
   □版面編排 □拍照風格 □其他

5. 您經常購買哪類主題的食譜書？（可複選）
   □中菜 □中式點心 □西點 □歐美料理（請舉例　　　）
   □日本料理 □亞洲料理（請舉例　　　）
   □飲料冰品 □醫療飲食（請舉例　　　）
   □飲食文化 □烹飪問答集 □其他

6. 什麼是您決定是否購買食譜書的主要原因？（可複選）
   □主題 □價格 □作者 □設計編排 □其他

7. 您最喜歡的食譜作者老師？為什麼？

8. 您購買的食譜書有哪些？

9. 您希望我們未來出版何種主題的食譜書？

10. 您認為本書尚須改進之處？以及您對我們的建議？

大境文化信用卡訂書單

請放大影印後傳真

傳真專線：(02) 2836-0028

持卡人姓名：□□□□□□

身份證字號：□□□□□□□□□□

生日：　年　月　日

性別：□男 □女

聯絡電話：(日)　　　　　(夜)　　　　　(手機)

e-mail：

訂 購 書 名　　　　　　　　　　　　　　數量（本）　金額

訂 購 書 名	數量（本）	金額

訂書金額：NT$ ＋郵資：NT$ 80（2本以上可免）＝NT$

總訂購金額：NT$　　仟　　佰　　拾　　元整
（請用大寫）

寄書地址：□□□

通訊地址：□□□

發卡銀行：□VISA □Master

信用卡反面 後3碼：□□□ □聯合卡 □JCB

信用卡號：□□□□-□□□□-□□□□-□□□□

授權碼：
（免填寫）

有效期限：　　月　　年

商店代號：
（免填寫）

持卡人簽名：
（與信用卡一致）

發票：□二聯式 □三聯式

發票抬頭：

統一編號：□□□□□□□□

填單日期：　年　月　日

發票：□二聯式 □三聯式

持卡人簽名：
（與信用卡一致）

我們將盡速寄以掛號寄書

另有劃撥帳號可購書／19260956 大境文化事業有限公司

進度查詢專線：(02) 2836-0069 趙小姐

沿 虛 線 剪 下

台北郵政 73-196 號信箱

大境（出版菊）文化　　收

姓名：　　　　　　電話：

地址：